LA VIE AGRICOLE

EN

ITALIE

I

ÉMILIE

PAR

FILIPPO VIRGILII

Professeur à l'Université de Sienne

(Extrait du *Devenir Social*).

PARIS

V. GIARD & E. BRIÈRE

LIBRAIRES-ÉDITEURS

16, Rue Soufflot, 16

1897

La vie agricole en Italie.

I. — L'ÉMILIE.

L'Émilie est une vaste région baignée au nord par le Pô, protégée au sud par les Apennins, et qui s'étend du Piémont à la mer Adriatique. Elle est coupée par de nombreux fleuves qui prennent leur source dans les Apennins et vont se jeter dans le Pô; elle est traversée par une grand ligne de chemin de fer. L'Émilie est une des terres les plus fertiles de l'Italie, la plus avancée en fait de culture agraire. Le mouvement social qui travaille cette région, et qui y est de plus en plus intense, la rend plus particulièrement intéressante pour le sociologue. Elle comprend cinq provinces qui sont, de l'ouest à l'est, Plaisance, Parme, Reggio, Modène, Bologne; les trois autres provinces, que les géographes attribuent aussi, d'ordinaire, à l'Émilie, forment les anciennes Romagnes, ce sont : Ferrare, Ravenne, Forli.

Je m'étais proposé de faire une enquête minutieuse, détaillée et, si possible, complète, province par province, des conditions agricoles de l'Émilie; mais j'ai dû me convaincre que mon désir n'était pas facilement réalisable. J'aurais dû pour cela faire une enquête sur place, interroger ceux qui se sont occupés de ces questions, demander leurs statuts et statistiques aux institutions agraires qui existent dans les différentes provinces. Et lorsque tout cela n'est pas possible il faut renoncer à une œuvre complète. D'ailleurs on ne peut faire grand fonds sur l'aide de ceux qui s'occupent de ces questions; il n'y en a que peu qui se croient un devoir moral de répondre aux questions qu'on leur pose. Amis et collègues, qui trouvent le temps d'écrire de longues lettres pour critiquer ou pour louer, encourager ou décourager une initiative quelconque, ne font absolument rien s'il s'agit de se procurer un rapport statistique, une information de fait, quand ils doivent interroger deux ou trois personnes, mêmes si elles demeurent à quelques centaines de pas l'une de l'autre. Mais il y a pis encore. Les personnes mêmes qui se trouvent à la tête d'un établissement quelconque, ne daignent pas répondre aux demandes courtoises qu'on a pu leur adresser dans un but d'étude. Et lorsque après beaucoup de recherches on est arrivé à réunir quelques chiffres et qu'on essaie une esquisse descriptive sur un établissement qui peut intéresser la phénoménologie sociale, aussitôt une foule de critiques se mettent à crier contre le malheureux auteur qui a omis telle chose, négligé telle autre. Et parmi ceux qui crient le plus haut, il y a naturellement ceux qui avaient dédaigné de répondre aux demandes pressantes de l'auteur de l'étude.

En faisant connaître aux lecteurs du *Devenir Social* qui s'intéressent aux études agricoles quelques-unes des institutions agraires et quelques figures intéressantes d'agronomes de l'Émilie, nous savons que notre œuvre sera incomplète, et nous nous sommes cuirassés contre les inévitables critiques. Nous serons toujours très heureux si d'autres personnes viendront compléter notre esquisse.

. .

De toutes les provinces de l'Émilie, Parme jouit avec raison de la plus grande renommée dans l'histoire récente des progrès agricoles. Cette province est destinée à exercer une grande influence sur l'avenir économique de notre pays, à occuper une place très honorable pour ses institutions sociales. C'est dans cette province que M. Stanislas Solari a fait les premières expériences de culture inductive et qu'il a obtenu des succès qui ont soulevé l'admiration; nous en rappellerons quelques uns. C'est là que fleurit et prospère l'organisme le plus parfait et le plus complet d'institutions agraires, depuis les chaires ambulantes jusqu'aux champs d'expérience, des comices agricoles aux caisses coopératives. Lorsque M. Luigi Luzzatti, auquel on ne peut refuser l'idéalité enthousiaste du bien, étudia, d'après les statuts et leur organisation, les institutions de la province de Parme, il fut frappé d'admiration; mais lorsqu'il vint les visiter il écrivit que la réalité dépassait de beaucoup ce qu'il avait imaginé. C'est cette même impression que ressentit en septembre 1896 la mission française du comte de Rocquigny, de M. Rayneri et de M. Mabilleau lorsqu'elle vint en Italie visiter nos institutions agraires : c'est par Parme que commença la visite; elle fut longue et elle a laissé dans leur esprit un souvenir profond. Le plaisir mêlé d'admiration pour la constitution technique perfectionnée de nos organismes agraires fut rendu plus vif encore par l'accueil que firent à nos hôtes les autorités et la population : venus chez nous avec la crainte que les discussions politiques pourraient rejaillir sur eux, en troublant les horizons sereins de l'investigation scientifique, ils se persuadèrent bientôt que ce danger n'existe que dans l'imagination malade de quelque journaliste. Les Italiens témoignent toujours aux Français, c'est-à-dire aux fils d'une nation sœur, plus de sympathie qu'ils n'en témoignent aux autres peuples.

M. Léon Bourgeois, ex-président du conseil des ministres, après un court séjour à Rome où il fut fêté par les membres les plus éminents du gouvernement et par la Chambre, visita la province de Parme (février 1897). Il examina en détail le bilan de la société agraire au 1er janvier 1897 et demanda des explications détaillées sur la façon dont s'effectue la vente des marchandises. Il approuva le rapprochement de l'instruction agraire et des institutions commerciales et de crédit, c'est-à-dire de la chaire ambulante et de la société agraire et des caisses rurales; mais il déclara qu'en France un professeur départemental ne pourrait pas être en même temps le directeur d'un syndicat. En quittant la société, il pria le directeur de lui faire parvenir un rapport qui lui servirait à la diffusion, dans son département, des choses utiles qu'il avait trouvées à Parme.

Le fondateur de toutes les institutions agraires de la province de Parme, M. l'ingénieur Cornelio Guerci, député au parlement, les a décrites dans un gros volume dont la lecture est d'un très grand intérêt (1). M. Guerci déclare qu'il a éprouvé une sorte de douleur lorsqu'il est arrivé à la fin de son livre : il avait eu plaisir à l'écrire et il aurait voulu continuer cette douce occupation. L'impression est plus vive encore pour le lecteur. On s'était si bien habitué à causer avec

---

(1) Guerci, *Istituzioni agrarie della provincia di Parma*. Battei, éditeur, 1895.

M. Guerci — parce que son style est si limpide et si pur qu'il semble qu'on l'entend parler, — on se trouvait si bien dans la compagnie de M. Antonio Bizzozzero, le directeur de l'école ambulante d'agriculture, on respirait si largement l'air pur qui venait des riches campagnes, que c'est une vraie douleur de fermer le livre et de détacher nos yeux de la vision idéale.

Le livre de M. Guerci est proprement, sans métaphore, un livre vécu, doublement vécu : parce que M. Guerci a été l'initiateur et qu'il est maintenant le président de toutes ces institutions agraires dont s'enorgueillit la province de Parme et qu'il illustre avec tant de simplicité. Il déclare, très modestement, que son initiative n'aurait servi de rien sans le concours efficace d'autres personnes auxquelles il fait remonter le mérite de la prospérité économique dont jouit actuellement la province de Parme; mais c'est lui, en réalité, qui a réglé la marche, la fonction de chacune des institutions et qui les a coordonnées en un admirable organisme. Cependant, lorsque, chargé par la Caisse d'épargne, il s'est mis à décrire l'œuvre que les autres appellent son œuvre propre, qu'il en fait l'histoire détaillée, et qu'il en voit les avantages qui en sont résultés et les promesses qu'on en peut espérer, par un phénomène naturel d'auto-suggestion, il revit, en écrivant, dans ces institutions agraires, qu'il connaît jusqu'aux racines, mais qu'il étudie objectivement, en les reconstruisant depuis leur base.

Livre vécu donc, ce livre de M. Cornelio Guerci et livre bienfaisant. Aucune érudition professorale, aucun luxe de style, pas de discussions théoriques : c'est la narration simple et claire de ce qui s'est fait dans la province de Parme pour l'agriculture. C'est un livre sain parce qu'il n'a pas été compilé avec peine dans le but de se procurer un *titre scientifique*, mais il a jailli naturellement de l'âme de celui qui éprouve la joie extrême de faire connaître à d'autres des choses belles et bonnes. C'est pourquoi l'auteur disparaît volontiers toujours pour laisser la place à d'autres, pour faire parler ceux qui ont contribué directement par la pensée et par l'action au développement des institutions de la province de Parme. M. Guerci nous parle souvent de M. Antonio Bizzozzero qu'il appelle « l'apôtre du bien, l'homme adoré dans les campagnes, qui n'a jamais une colère, jamais un reproche, qui vit calme comme un saint, enflammé par son devoir comme un martyr. »

M. le professeur Bizzozzero mérite vraiment toutes ses louanges. Directeur de la chaire ambulante d'agriculture, conférencier et consultant agricole, il est l'âme de tous les progrès que l'agriculture, dans ses multiples manifestations, fait dans la province de Parme. Orateur facile et clair, il sait convaincre les paysans, naturellement misonéistes, et leur inculque la science nouvelle; ses conférences, qu'il fait périodiquement dans toutes les communes de la province, sont écoutées avec une attention religieuse et soulèvent l'enthousiasme; les consultations qu'il donne, verbalement ou par écrit, aux agriculteurs, propriétaires et paysans, qui s'adressent à lui, servent de guide à tout perfectionnement.

Écrivain clair et convainquant, M. Bizzozzero publie tous les mois l'*Avvenire agricolo* qui est un des journaux techniques les mieux faits; et de même que dans ces conférences il s'occupe, tour à tour, de tous les sujets théoriques et pratiques que l'on rencontre dans la vie agricole, de même dans son journal il fait suivre ses articles sur la base scientifique de la culture inductive d'une série de recommandations utiles sur la façon de semer le grain, sur la distribution des engrais, sur la taille des vignes, etc.

Les institutions agraires de la province de Parme sont les suivantes : chaire ambulante, champs d'expérience et de démonstration, caisses agricoles, sociétés coopératives agraires, école de taille et de greffe.

Les chaires ambulantes d'agriculture sont une institution purement italienne et on les doit à l'activité infatiguable et savante de M. Tito Poggi, de Rovigo; on en trouve à Rovigo, Bologne, Parme, Ferrare, Venise, Coni, Crémone, Forlí, Mantoue; on en aura bientôt dans d'autres provinces italiennes; il y en a, en fait si non de nom, à Udine et à Padoue. Le directeur de la chaire fait, périodiquement, des leçons dans les différentes communes de la province. On choisit de préférence les jours de fête et de marché; elles sont faites exclusivement pour les paysans, elles sont donc claires, simples, pratiques. Les sujets sont déterminés par les circonstances de temps et de lieu et concernent la semence ou la récolte des céréales, la taille de la vigne, les systèmes de fumure, l'élève du bétail, la conservation du vin, etc. Les leçons sont faites soit dans une salle de la mairie ou en plein champ, selon les nécessités du sujet traité; lorsque le professeur a exposé son sujet, il ouvre la discussion et répond à toutes les questions, à tous les doutes des paysans.

La chaire ambulante a son siège au chef-lieu de la province, où elle forme un véritable bureau permanent de consultation. Ce bureau est ouvert tous les jours, et le professeur ou son assistant répondent de vive voix à toutes les demandes des agriculteurs ; ils font les analyses chimiques et physiologiques, ils donnent des conseils sur le choix des engrais et des graines, etc., et tout cela gratuitement.

Il y a à côté des chaires ambulantes, des champs de démonstration et d'expérience, qui sont comme leur laboratoire naturel. Ces champs sont institués chez des propriétaires qui offrent gratuitement le terrain et ils servent aux expériences de culture : les résultats sont publiés tous les ans et on les porte à la connaissance des agriculteurs de la province pour qu'ils leur servent d'enseignement, de guide, de stimulant. Les champs de démonstration sont faits pour appliquer un système ou un principe déjà connu et en vérifier la portée ; on veut, par exemple, mettre à l'essai une formule d'engrais, démontrer que le système de l'induction est vraiment rationnel, que la taille des vignes ou des muriers donne de meilleurs résultats avec tel système plutôt qu'avec tel autre ; c'est à cela que servent les champs de démonstration. Les champs d'expérience exigent plus de connaissances, et même une véritable éducation agronomique, et servent à résoudre une question douteuse, établir exactement par exemple une formule de fumure, déterminer l'emploi plus rationnel des engrais, fixer la distance et la profondeur auxquelles doit être semé le blé, etc.

Dans la province de Parme on fait en moyenne 80 conférences par an, on donne de 3 à 400 consultations, il y a une dizaine de champs d'expérience et une douzaine de champs de démonstration.

Il y a dans la province huit caisses agraires, qui facilitent l'œuvre de la chaire ambulante, et elles sont mises sous la surveillance de celle-ci. Fondées par la caisse d'épargne, qui pourvoit aux dépenses d'établissement et fournit les capitaux pour les prêts, elles ont un but exclusivement agricole, c'est-à-dire elles accordent du crédit, à un taux minime, pour l'achat de semences ou d'engrais, d'animaux ou d'instruments ruraux. Le directeur de la chaire ambulante examine la comptabilité et met son *veto* aux demandes de prêts, qui ne répondent pas à des fins pratiques et sûres. Ces « caisses agraires » de la province de Parme diffèrent des « caisses rurales » répandues dans d'autres parties de l'Italie en ce qu'elles dépendent d'un seul établissement, la caisse d'épargne, dont elles sont une dérivation ; elles provoquent et favorisent les espérances agraires, en contribuant à rendre les agriculteurs plus habiles.

Voici le bilan des huit caisses de la province de Parme au 31 janvier 1897 :

a) Actif : Argent en caisse 2,259 fr. 01 ; comptes-courants (capital et intérêt) 1,831 fr. 79; prêts aux associés sur billets 66,028 fr. 68; meubles et dépenses d'établissement 266 fr. 12; débiteurs divers 8 fr. 75; intérêts non échus 839 fr. 70; outils et instruments agricoles 2,428 fr. 15; fournitures diverses 606 fr.; valeurs d'emploi 127 fr. 50; prêts aux associés sur garantie hypothécaire 1,100 fr.; total 75,495 fr. 70.

b) Passif : Fonds de réserve 3,106 fr. 66; effets à payer 71,385 fr.; créanciers divers 180 fr.; intérêts non échus sur prêts 809 fr. 63; total 75,481 fr. 29;

c) Mouvement économique : rentes et profits 315 fr. 29; dépenses et pertes 300 fr. 88; *bénéfice* 14 fr. 41.

On le voit, il s'agit de petits prêts pour des améliorations ou pour des expériences agraires; un mouvement d'environ 70,000 francs pour une province de 273,000 habitants est très réconfortant, car on comprend que ceux qui veulent développer leur industrie agraire recourent aux sources plus abondantes du crédit populaire, et non plus au petit ruisseau de la caisse agraire.

Il pourra sembler étrange qu'avec tous les avantages immédiats qu'elles offrent il n'y ait que 8 caisses agraires dans toute la province de Parme; chaque commune, et Parme en a 50, devrait en posséder une. L'explication est dans ce fait que la société coopérative agraire, qui a pris un grand développement dans ces dernières années, accorde les mêmes facilités que la caisse, et, sur la proposition de son directeur, qui est encore le professeur de la chaire ambulante, elle accorde des délais pour les payements. Comme on le voit c'est tout un organisme harmonique et complet qui règle la vie agricole dans la province de Parme; on ne s'étonne plus de son bien être, elle mérite bien d'être étudiée et d'être connue.

La société agraire coopérative s'est implantée à Parme depuis peu d'années, en 1894, grâce à MM. Guerci et Bizzozzero; elle s'assura aussitôt l'appui de la caisse d'épargne et triompha rapidement des répugnances et de la défiance des agriculteurs. Les associés étaient en 1893 au nombre de 141, en 1894 de 176, aujourd'hui ils sont plus de 500. En 1893 on fit environ 70,000 francs de ventes, en 1894, 150,000, en 1895, 220,000, en 1896, 285,000. L'an dernier elle a offert à la chaire ambulante 800 francs d'engrais chimiques pour les champs de démonstration institués près des petits propriétaires, fermiers et métayers, et on compte sur des subventions plus considérables dans la suite : son capital s'est élevé en trois ans et demi à environ 35,000 francs.

Je passerai sous silence d'autres institutions qui fleurissent dans la province de Parme : l'école de taille et de greffe, les expositions d'animaux, etc., pour conclure que si chaque province avait une chaire ambulante d'agriculture, des caisses agraires et un syndicat agricole, la situation économique du pays serait assurée, ce serait le commencement de sa prospérité. L'école qui répand la lumière, les caisses qui donnent le crédit, le syndicat qui distribue des marchandises et des engrais, ce sont les trois institutions agraires bienfaisantes qu'il faut partout recommander. La force intellectuelle de l'école est très efficacement appuyée sur la puissance de l'argent.

Entre la chaire qui enseigne et utilise les derniers résultats des sciences physico-chimiques, la caisse agraire qui offre à l'agriculture l'argent nécessaire pour appliquer les enseignements du maître et la société qui lui fournit les matériaux dont il lui assure la pureté et la bonté, l'agriculture de la province de Parme peut être considérée comme ayant atteint la perfection organique extérieure : la perfection intérieure dépend essentiellement des paysans, qui semblent déjà comprendre la mission qui leur incombe.

La province de Parme, en dehors de cet ensemble harmonique d'institutions, est célèbre encore par les expériences et les découvertes agraires de M. Stanislas Solari.

Les savants se sont préoccupés de l'agriculture depuis que Liebig a démontré que notre agriculture volait et exploitait la terre. Cet avertissement fut entendu dans toute l'Europe, et quand M. Georges Ville, à la suite d'expériences faites dans son cabinet d'abord, au champ de Vincennes ensuite, réussit à établir, à créer *ex nihilo* comme le dit avec emphase un de ses biographes, la théorie des engrais chimiques, cela parut au monde une grande découverte.

Comme cela arrive pour toutes les révolutions intellectuelles, elle rencontra des obstacles et des défiances de tous côtés. Remplacer par des agents chimiques, acide phosphorique, potasse, chaux, azote, le fumier d'étable, vénéré par les anciens, employé depuis des siècles, cela froissait les habitudes invétérées et les prédilections sympathiques des paysans. Il dut lutter dès les premiers moments contre des obstacles imprévus, contre des trahisons coupables, sinon délictueuses.

Il étudia les propriétés des légumineuses qui, lui semblait-il, devaient absorber l'azote libre de l'atmosphère, l'azote dont la présence dans le sol était nécessaire d'après les expériences antérieures ; il établit alors les règles d'un nouveau système de culture par l'enfouissement des légumineuses dans les champs dans lesquels on devait semer les céréales : c'est la doctrine désormais célèbre de la *sidération*, ainsi appelée parce que le travail des astres, *sidera*, vient en aide aux éléments du sol.

Les théories de M. Ville soulevèrent de vives polémiques et appelèrent de nouvelles recherches. A Paris et à Berlin des agronomes, des naturalistes et des chimistes s'occupèrent de la question ; de même en Angleterre. Au même moment, la bactériologie, qui venait de naître, faisait des pas de géant. A la fois en Allemagne et en France, en analysant les racines des plantes et en décomposant la terre dans la période de la végétation, on découvrit des microbes qui avaient la propriété de contribuer merveilleusement à la fertilité du sol.

Pendant que l'art de cultiver les champs voyait s'ouvrir devant lui de si larges horizons et tenait en haleine la science européenne, dans un coin tranquille de la province de Parme, dans un petit village nommé Borgasso, un homme modeste mais de volonté tenace, habitué à l'observation minutieuse des phénomènes naturels, faisait sur un domaine qu'il avait acheté des expériences de fumure et de rotation.

Ce travailleur solitaire partageait son temps entre les champs et la bibliothèque ; il avait suivi le mouvement agraire commencé au-delà des Alpes, il mettait d'accord les conclusions théoriques des laboratoires avec les résultats expérimentaux qu'il avait pu constater dans les longs et fréquents voyages de sa jeunesse. Critique insatiable, il avait formé dans son esprit un système harmonique d'économie sociale, qui devait avoir pour base un changement complet des théories et de la pratique qui dominaient dans l'agriculture. Esprit rationnel, animé de la foi qui stimule et réconforte, cet homme qui, dans l'expression simple et sereine de son visage, ne laissait pas deviner les tempêtes de l'esprit et du cœur, voulut vérifier à ses dépens la portée de certains principes, l'exactitude des doctrines que sa raison lui donnait pour vraies ; il voulut arriver, par des expériences répétées, sans demander le secours de personne, au milieu de l'indifférence, du dédain et de la compassion de ses voisins de campagne, il voulut arriver à la démonstration positive de son système, qu'un éclair de génie avait fait naître dans son cerveau et qu'une longue réflexion avait su développer et coordonner. Il a ainsi créé un système de culture, l'*Induction gratuite de l'azote*, qui, dans les traités, porte maintenant son nom. J'ai nommé M. Stanislas Solari

Le système Solari est fort simple : on sait qu'il y a des plantes qui améliorent le sol et d'autres qui l'appauvrissent ; parmi les premières il y a toutes les légumineuses, parmi les secondes toutes les céréales. La chimie nous a appris que les *agents de la production* sont au nombre de 14, dont dix sont en abondance dans le sol ou lui sont fournis largement par l'air et par l'eau, tandis que les quatre autres, qu'on appelle à cause de cela les *éléments de la fertilité*, doivent être restitués au sol par les engrais ; ce sont l'azote, l'acide phosphorique, la potasse et la chaux. L'azote est l'élément fertilisant que l'agriculteur doit se procurer en plus grande quantité pour le blé comme pour toutes les céréales, l'azote forme la substance dominante, mais c'est aussi la matière qu'il est le plus difficile de se procurer et qui coûte le plus cher ; on calcule que la quantité d'azote nécessaire aux terres cultivées en Italie nécessiterait, achetée sur nos marchés, une dépense de plus de 700 millions de francs par an. La méthode Solari fournit gratuitement l'azote.

Sans nous arrêter sur les détails techniques de ce système, nous ferons remarquer qu'il diffère essentiellement de tous les autres systèmes pratiqués jusqu'ici :

1° par sa *base scientifique*, parce que les agriculteurs croyaient, sur la foi de chimistes éminents, que les plantes absorbaient l'azote libre de l'air atmosphérique, tandis que M. Solari a montré qu'elles extraient l'azote qui entre dans la composition de l'air par le sol, et par conséquent non pas par l'intermédiaire des feuilles, mais par les racines ;

2° par son *application économique*, parce que les agriculteurs qui ont suivi l'école de M. Ville, logiques avec ses prémisses scientifiques, enfouissaient les légumineuses, perdant ainsi une récolte de fourage, tandis que M. Solari, fort de sa découverte que le magasin de l'azote est dans les racines et non pas dans les feuilles, recueille tout le fourage et ainsi ne perd rien ;

3° par la *pratique agricole*, parce que, tout en suivant l'ancien système de la rotation d'une légumineuse et d'une céréale, M. Solari donne tout l'engrais en une seule fois à la légumieuse, et cette anticipation est faite avec la connaissance parfaite de la récolte qui suivra ; il s'agit non seulement de fumer avec des hyperphosphates, de la potasse et de la chaux la plante qui bonifie le terrain, comme on le faisait déjà, mais de régler la fumure avec une formule rationnelle très simple.

M. Solari acheta un fonds à quelques kilomètres de Parme pour la somme de 87 mille francs. C'était une terre exténuée qui avait besoin de beaucoup de soins et de beaucoup d'engrais. Il lui donna rapidement un haut degré de fertilité ; c'est maintenant la meilleure terre de la province et elle vaut plus de 300 mille francs. Mais voici un fait plus significatif encore. Un propriétaire qui a ses terres à côté du fonds de M. Solari fit, en 1884, avec celui-ci le contrat suivant : en deux années M. Solari devait assurer au propriétaire quinze fois la semence de froment, il devait expliquer le pourquoi de toutes les opérations qu'il aurait fait exécuter ; le propriétaire mettait à la disposition de M. Solari la somme nécessaire pour faire les travaux d'amélioration du sol. Le travail fini il devait lui donner 20 mille francs. M. Solari accepta et, dans le temps fixé, il éleva la fertilité de ces champs qui ne donnaient que cinq fois la semence à dix-sept, c'est-à-dire à 26 hectolitres par hectare ; il fit donc plus qu'il n'avait promis, et il reçut la somme stipulée.

Le système Solari, reçu d'abord avec défiance, domine maintenant dans presque toute la province de Parme, et elle est une des règles fondamentales de la chaire ambulante.

Nous avons suffisamment parlé de la province de Parme. Dans les autres provinces de l'Émilie on cherche à imiter timidement, non pas toujours avec enthousiasme, par suite de cette défiance invincible et fatale qui entrave les idées nouvelles, ce qui se développe dans la province de Parme. Ni l'évidence des faits, ni le triomphe de l'expérience ne peuvent convaincre les sceptiques : leur conversion est lente comme leur raisonnement ; leurs tentatives sont mesquines comme leur intelligence.

Parme est au centre des deux provinces de Plaisance et de Reggio et elle devait projeter sur elles un peu de ses lumières. A Plaisance, il y a un syndicat agraire très florissant, il y a même le bureau directeur de la « Fédération italienne des syndicats agraires ». Plaisance est un centre intellectuel d'agriculture ; on y publie depuis plusieurs années l'*Italia agricola*, le *Giornale di agricoltura della domenica*, sous la direction intelligente du professeur G. Raineri. L'*Italia agricola* a édité une excellente bibliothèque agraire, qui s'enrichit constamment de publications italiennes et étrangères ; elle édite notamment de petites brochures, facilement accessibles à tous ; et, sans négliger les questions théoriques, elle choisit de préférence des sujets pratiques.

Nous avons à Reggio : un comité agraire et une société d'agriculture, réunis en association, et une école de zootechnie et de fabrication des fromages. L'association remonte à 1876 ; en 1894, elle a vendu pour plus de 35,000 francs d'engrais chimiques, pour 8,000 francs de soufre et 10,000 francs de sulfate de cuivre. Elle a maintenant passé la période difficile du début et elle promet un avenir brillant.

L'école royale de zootechnie et de fabrication des fromages a pour but de former des éleveurs de bétail expérimentés et d'habiles fromagers, ayant aussi les connaissances nécessaires d'un intendant de ferme. Elle a également pour but de fournir des consultations gratuites de vive voix ou par écrit aux éleveurs de bétail, aux fromagers, aux agriculteurs; de faire des recherches scientifiques et des recherches pratiques spécialement en matière de zootechnie et de fabrication des fromages. Pour atteindre ces différents buts, l'école fournit des enseignements pour la fabrication du fromage, l'élevage du bétail, la tenue des livres de compte, et les différentes opérations agricoles; elle a à sa disposition des laboratoires et des collections scientifiques.

Un décret du 3 mai 1896 a approuvé le nouveau règlement qui réorganise complètement l'école; la durée des cours a été portée de deux ans à trois, on a ajouté des cours sur la technologie de la fabrication des fromages; les programmes de l'école ont été faits de telle sorte que les jeunes gens qui en sortent soient munis des connaissances théoriques et pratiques nécessaires à l'agriculture et aux principales industries de la région. Le nombre des étudiants est monté à trente-trois, et comme ce sont des fils d'agriculteurs, on peut en conclure que l'école est désormais composée d'étudiants qui, leurs années d'études terminées, n'iront pas grossir le nombre des chercheurs de places, mais qui mettront en pratique les connaissances acquises pour leur profit immédiat et à l'avantage de la richesse publique.

Dans la province de Reggio, il nous faut signaler deux agriculteurs distingués qui ont su appliquer et faire connaître la méthode Solari. M. G.-P. Mazzini, sur sa terre de « Casino », à Villa Marmirolo, a vu tripler sa production par la simple substitution de la méthode Solari aux vieux systèmes de culture. Voici les résultats obtenus par M. Mazzini :

Produit brut obtenu sur un hectare de terre non arrosée, plantée de maïs et de grains, d'après les usages de Reggio (R) et d'après la méthode de Solari (S), dans deux années consécutives :

	R		S	
Maïs	Kgr. 6	fr. 108		
Trèfle			100 et plus	fr. 500
Grain	6 1/2	163	24	600
Paille	13	39	48	144
Total		310		1244
Dépenses en engrais				100
Valeur du produit brut		fr. 310		fr. 1144

Tout commentaire devient inutile.

Nous devons citer aussi M. le Dr Angelo Motti, à Villa Gaida. C'est un homme très lettré, qui a traduit en italien quelques-uns des livres de Paul Wagner, de Darmstadt. Il suit avec attention les découvertes scientifiques, et dès qu'il connut les recherches de Hellriegel et de Nobbe sur les bactéries des légumineuses, il commença lui aussi des expériences analogues sur les trèfles en plein champ. Il ne veut pas publier les résultats de ses expériences, parce qu'il ne se contente pas des observations d'une ou même de plusieurs années; mais il pense pouvoir publier dans quelques années des données intéressantes qui seront une preuve nouvelle de la valeur du système Solari, surtout au point de vue de ce grand précepte de toute industrie bien organisée : « la production doit être aussi économique que possible ».

Nous n'avons que peu de choses à dire sur la province de Modène; il y a une « station agraire » officielle qui, en dehors de sa mission propre, qui est de faire progresser la science agronomique, donne aussi, grâce à la compétence de son directeur, des consultations agricoles.

La province de Bologne a plusiéurs institutions agraires, mais les résultats ne correspondent pas à leur nombre; je dirai même qu'il n'y a pas ce ferment de vie que l'énumération des institutions pourrait laisser supposer. En effet, il y a une société agraire pour la province de Bologne, une école royale d'agriculture pratique à Imola, un laboratoire de chimie agricole à l'institut technique, un bureau provincial pour l'agriculture et la chaire ambulante; il y a à l'institut technique et à l'université des chaires spéciales d'agriculture, d'économie rurale, de législation rurale; il y a enfin huit caisses rurales.

La chaire ambulante est confiée à la direction du professeur Domizio Cavazza. Elle a été instituée en 1890 par la Société agraire. Le but de la chaire, c'est celui que nous connaissons déjà; mais celle de Bologne s'occupe particulièrement de viticulture. Les divers champs d'expérience pour la culture des céréales ont démontré la grande supériorité des phosphates sur les autres engrais. Parmi les résultats signalés dans le premier volume des *Annales* de la chaire (1893), je noterai celui-ci : un terrain très maigre, fumé pour la première fois avec de l'hyperphosphate et du nitrate, double immédiatement la quantité de ses produits. Pourquoi ne fait-on pas aussi des essais avec le système Solari? Les premières expériences n'en parlent pas, mais nous espérons que ce système sera lui aussi enseigné par la chaire de

Bologne. On a également institué des champs d'expérience pour la culture des pommes de terre.

Des trois autres provinces de l'Émilie, Ferrare, Ravenne, Forlí, qui forment le groupe des Romagnes, j'ai déjà dit que Ferrare et Forlí possèdent une chaire ambulante, et je puis ajouter que Forlí possède une station agraire; mais il suffit de les mentionner, puisque nous avons déjà fait connaître leur objet.

En terminant ces notes qui auraient pu, certes, être plus complètes, mais que nous croyons absolument exactes, nous ajouterons que le système de location, dominant dans toute l'Émilie, c'est le métayage. La province de Ferrare, où le *latifundium* domine, fait seule exception. Cependant, dans quelques parties des provinces de Plaisance, Parme et Reggio, le métayage cède la place au fermage, surtout dans ces dernières années. Dans le contrat de métayage, le colon apporte une partie du capital de culture (instruments et outils), et une part des semences et de l'engrais; le propriétaire donne la moitié du produit ou plus de la moitié, suivant que le fonds est situé dans une région peu productive des collines ou sur des terres fertiles de la plaine. Le bétail est acheté presque toujours tout entier par le propriétaire, mais les gains, comme les pertes, sont partagés par moitié. Le métayer a l'usage gratuit de la maison et le propriétaire a à sa charge les dépenses d'entretien; dans certaines parties des provinces de Parme et de Reggio, le propriétaire reçoit une somme annuelle pour la jouissance de l'aire : c'est l' « honneur » (*onoranza*). Dans d'autres régions, notamment dans la région de Plaisance, on trouve la *terzieria*, c'est-à-dire que les produits appartiennent pour deux tiers au propriétaire et pour un tiers au métayer; mais, dans ce cas, le propriétaire fournit tout le capital.

J'ai indiqué, au début de cet article, que l'Émilie attire aussi l'attention du sociologue par l'expansion qu'y a pris le mouvement social. Les élections politiques du mois de mars 1897 sont, à ce point de vue, particulièrement intéressantes. Des 16 députés socialistes que compte la Chambre italienne, 6 appartiennent à l'Émilie : 1 à la province de Parme, 2 à celle de Reggio, 2 à Modène, 1 à Bologne; quelques voix de plus auraient suffi pour faire passer les candidats socialistes à Modène ville et dans un autre collège de Bologne; et presque tous les collèges de cette région ont donné de nombreuses voix aux socialistes. Les deux provinces de Forlì et de Ravenne ont donné cinq députés républicains.

La propagande dans les campagnes, on le sait, rencontre des obstacles formidables ; le paysan est, par nature, conservateur, et il subit fatalement l'influence directe et continue du clergé. Mais dans l'Émilie, là où le paysan est suffisamment instruit, nous avons pu constater ces deux faits symptomatiques : la diffusion des progrès agricoles avec l'application des derniers résultats de la science à la culture des champs, et le développement de l'idée socialiste et de l'idée républicaine.

Nous ne rapprochons pas ces deux faits pour les mettre en relation de cause à effet, mais ils sont, sans aucun doute, le produit nécessaire d'une propagande incessante faite par des cœurs généreux et des esprits illuminés auprès d'une population qui est en train d'acquérir la conscience de sa propre force et de ses énergies.

Sienne, 1ᵉʳ mai 1897.

3e Année.   N° 6.   Juin 1897

LE
DEVENIR SOCIAL

REVUE INTERNATIONALE D'ÉCONOMIE, D'HISTOIRE
ET DE PHILOSOPHIE

> « Le mode de production de la vie ma-
> « térielle domine en général le développe-
> « ment de la vie sociale, politique et
> « intellectuelle.
>
> KARL MARX. *Le Capital.*

SOMMAIRE

Abonnement annuel : France, 18 fr. — Étranger, 20 fr.

PARIS

V. GIARD & E. BRIÈRE

LIBRAIRES-ÉDITEURS

16, RUE SOUFFLOT, 16

1897

www.ingramcontent.com/pod-product-compliance
Lightning Source LLC
Chambersburg PA
CBHW061706050726
47598CB00004B/1706